爱犬大机密

张　睿　主编

吉林文史出版社

图书在版编目（CIP）数据

爱犬大机密 / 张睿主编. -- 长春：吉林文史出版
社，2021.11
　　（博雅小书院）
　　ISBN 978-7-5472-8105-5

　　Ⅰ. ①爱… Ⅱ. ①张… Ⅲ. ①犬－少儿读物 Ⅳ.
①Q959.838-49

中国版本图书馆CIP数据核字(2021)第195887号

爱犬大机密
AIQUAN DAJIMI

主　　编　张睿
责任编辑　王丽环
装帧设计　骅容堂文化
印　　刷　天津兴湘印务有限公司
开　　本　720mm×1000mm　1/16
印　　张　8
字　　数　125千字
版　　次　2021年11月第1版　2021年11月第1次印刷
出版发行　吉林文史出版社
地　　址　长春市福祉大路5788号
书　　号　ISBN 978-7-5472-8105-5
定　　价　38.00元

引言

小朋友们，你们好，我的名字叫毛毛，是一只活泼的金毛巡回猎犬。在翻开这本书籍之前，相信你们对我一定有不少的了解。大家总是说，我们是人类的好朋友。今天，我将通过这本书向你们介绍我的家族和我的伙伴们。

犬，也就是狗，属于犬科动物。相关化石研究表明，我们是在4000万年前从食肉类动物的共同祖先中分离出来的。从大约1500万年前开始，犬科动物被再分为三个子类别：狐狸类动物、狼类动物以及南美洲犬科动物。其中，狼类动物群成员包括狼、山狗和豺，它们和我们犬都是近亲关系。现代科学研究表明，犬都是从狼发展而来的。小朋友们，你们是否觉得奇怪，为什么狼这种凶猛而危险的食肉动物，会有我们犬这样活泼亲人的后代呢？你又是否知道，为什么小狗都喜欢啃骨头？为什么炎炎夏日里，狗狗要伸长了舌头呢？如果你对这些问题感到好奇，或者你有更多想了解的知识，那么就快快翻开书本，和我一起寻找答案吧！

mù lù
目录

dì yī zhāng rén lèi de hǎo péng you
第一章 人类的好朋友

fēn luàn de shēn shì zhī mí
1 纷乱的身世之谜   001

yán shēn jiǔ wěi quǎn hé gǔ zhǒng de chuán shuō
延伸：九尾犬和谷种的传说   005

cóng měng shòu dào zhōng quǎn
2 从猛兽到忠犬   008

yán shēn xī fāng wén huà zhōng de gǒu
延伸：西方文化中的狗   010

xìng gé jiǒng yì de huǒ bàn
3 性格迥异的伙伴   012

yán shēn quǎn wèi shén me tōng rén xìng
延伸：犬为什么通人性   016

dì èr zhāng zǒu jìn gǒu gou jiā zú
第二章 走进狗狗家族

máng rén de yǎn jing
1 盲人的眼睛   019

yán shēn shén me yàng de gǒu gou shì hé zuò dǎo máng quǎn
延伸：什么样的狗狗适合做导盲犬   022

chá bēi zhōng de xiǎo kě ài
2 茶杯中的小可爱   024

shén qì de liè shǒu
3 神气的猎手   027

zǒu jìn gǒu gou jiā zú
4 走进狗狗家族   030

xī bó lì yà de xuě zhōng qí shì
4.1 西伯利亚的雪中骑士   031

gāo shān shang de jiù zhù zhě
4.2 高山上的救助者   032

zūn guì de xiǎo jīng bā
4.3 尊贵的小京巴   034

quǎn zhōng wáng zhě
4.4 犬中王者   036

zuì wēnróu de liè shǒu
4.5 最温柔的猎手 038

nénggàn de quǎnzhōngjīngyīng
4.6 能干的犬中精英 040

líng qì shí zú de dà míngxīng
4.7 灵气十足的大明星 042

quǎn jiā zú de zhìshāngdāndāng
4.8 犬家族的智商担当 044

yōu yǎ guì qi de xiǎo jiā huo
4.9 优雅贵气的小家伙 046

yánshēn gǒude ěr duofēnwéinǎ xiē lèi xíng
延伸：狗的耳朵分为哪些类型 048

dì sān zhāng gǒu gou méi yǒu gào su nǐ de mì mì
第三章 狗狗没有告诉你的秘密

cōngmíng de dà nǎo dai
1 聪明的大脑袋 050

yánshēn shén qí de dànǎo
延伸：神奇的大脑 052

jiān yá yǔ lì zhǎo
2 尖牙与利爪 054

yánshēn zěnyàngtōngguògǒude yá chǐkànniánlíng
延伸：怎样通过狗的牙齿看年龄 056

máo hái zi de mì mì
3 毛孩子的秘密 058

yánshēn gǒugouchūhànma
延伸：狗狗出汗吗 059

dǎ kāi xīn líng de chuāng hu
4 打开心灵的窗户 060

gǒugou shì sè mángma
4.1 狗狗是色盲吗 061

tànxúnyǎnzhōng de sè cǎi
4.2 探寻眼中的色彩 072

yè jiānxúnluó de gāoshǒu
4.3 夜间巡逻的高手 064

yōu àn zhōng fā guāng de bǎo shí
4.4 幽暗中发光的宝石 066

2

mǐn ruì de qì wèi bǔ zhuō dá rén
5 敏锐的气味捕捉达人　　　　　068

yánshēn gǒu bí zi wèishénme shì hēi sè de
延伸：狗鼻子为什么是黑色的　　071

xíngzǒu de jǐng jué xiǎo léi dá
6 行走的警觉小雷达　　　　　072

yánshēn mǐngǎn de xiǎo bí zi
延伸：敏感的小鼻子　　　　　076

quǎn lèi niánlíng de mì mǎ
7 犬类年龄的密码　　　　　　078

yánshēn chǒngwùgǒushòumìngpáihángbǎng
延伸：宠物狗寿命排行榜　　　080

dì sì zhāng gǒu gou xí xìng zhī duō shǎo
第四章 狗狗习性知多少

bù yán bù yǔ yì néngchuánqíng
1 不言不语亦能传情　　　　　082

yánshēn gǒu yě huì dǎ hā qiànma
延伸：狗也会打哈欠吗　　　　087

huà fēn dì pán de mì mì wǔ qì
2 划分地盘的秘密武器　　　　088

zì rán děng jí zhì dù de hànwèizhě
3 自然等级制度的捍卫者　　　092

yánshēn jīntiān nǐ chāi jiā le ma
延伸：今天，你拆家了吗　　　094

ài kěn gǔ tou de měi shí jiā
4 爱啃骨头的美食家　　　　　096

xiǎoxiǎo kē shuìshén
5 小小瞌睡神　　　　　　　　100

yánshēngǒuwèishénme xǐ huanhérén yì qǐ shuì
延伸：狗为什么喜欢和人一起睡　102

bié yàng de yíngyǎng bǔ chōng jì
6 别样的营养补充剂　　　　　104

chī yán bā de xiǎogǒu
7 吃盐巴的小狗　　　　　　　108

yánshēn gǒugou yě chī sù
延伸：狗狗也吃素　　　　　　112

huì dú xīn shù de máo hái zi
8 会读心术的毛孩子　　　　　114

yánshēn gǒugou de shēngwùzhōng
延伸：狗狗的生物钟　　　　　118

fēn luàn de shēn shì zhī mí
1　纷乱的身世之谜

guān yú gǒu jiū jìng qǐ yuán yú hé
关于狗究竟起源于何

dì zài yè jiè yì zhí yǒu zhe gè zhǒng shuō
地，在业界一直有着各种说

fǎ gēn jù jìn qī yǒu guān rén yuán de yán
法，根据近期有关人员的研

jiū fā xiàn xiàn zài quán qiú de chǒng wù
究发现，现在全球的宠物

quǎn jí yǒu kě néng jūn yuán yú zhōng guó
犬极有可能均源于中国！

guò qù yǒu guān zhuān jiā céng wèi gǒu de
过去，有关专家曾为狗的

lái yuán zuò guò yán jiū bìng zài yǐ sè liè fā xiàn yí kuài yǒu   nián lì shǐ de quǎn kē
来源做过研究，并在以色列发现一块有12000年历史的犬科

dòng wù è gǔ suǒ yǐ tuī duàn gǒu yuán yú zhōng dōng bú guò ruì diǎn kē xué jiā de yán
动物颚骨，所以推断狗源于中东。不过，瑞典科学家的研

jiū jié guǒ xiǎn shì chǒng wù gǒu de zǔ xiān jí yǒu kě néng yuán yú zhōng guó
究结果显示，宠物狗的祖先极有可能源于中国。

ruì diǎn kē xué jiā zài fēn xī le quán qiú yú   zhǒng gǒu máo fà yàng běn hòu fā
瑞典科学家在分析了全球逾500种狗毛发样本后发

xiàn suǒ yǒu gǒu jī hū dōu yǒu zhe xiāng tóng de jī yīn ér qí zhōng dōng yà gǒu de jī yīn
现，所有狗几乎都有着相同的基因，而其中东亚狗的基因

1

变异较多，故推断狗的祖先很可能源于东亚。这一研究结果已于《科学》杂志上发表。研究人员指出，约在15000年前，居于中国或其附近的人类将野狼驯养成家犬，它们就是家犬的始祖了。后来随着人类的迁移，家犬被带到欧洲，

ér zài jù jīn nián jiān zài yóu liè rén cóng bái lìng hǎi xiá dài dào běi měi
而在距今 14000~12000 年间再由猎人 从 白令海峡带到北美

zhōu zhǎn zhuǎn zài dài dào nán měi zhōu nǎi zhì shì jiè gè dì cóng cǐ jiā quǎn biàn biàn bù quán
洲，辗 转 再带到南美洲乃至世界各地，从此家犬 便遍布 全

shì jiè bìng fán zhí chū bù tóng de pǐn zhǒng zuì xīn de jī yīn yán jiū jié guǒ xiǎn shì suǒ yǒu
世界，并繁殖出不同的品种。最新的基因研究结果显示，所有

gǒu bāo kuò měi zhōu de niǔ fēn lán quǎn shèn zhì yīn niǔ tè quǎn dōu shì yà zhōu láng de hòu
狗，包括美洲的纽芬兰犬，甚至因纽特犬，都是亚洲狼的后

dài
代。

延伸：九尾犬和谷种的传说

中国很多地方都流传着狗为人们带回谷种的传说。据说在古时候，人间还没有谷米，人们饿了就拿野果、野菜来充饥。后来，人越来越多了，能吃的东西渐渐少了，大家常常忍饥挨饿。

那时候天上已经有米吃了，地上还没有。天上的人害

pà dì shang de rén yǒu gǔ mǐ chī le　　fán yǎn de tài duō　　huì dǎ dào tiān shang qù　 qiáng zhàn
怕地上的人有谷米吃了，繁衍得太多，会打到天上去，强占

tā men de dì fang　　jiù yì zhí bú ràng yí lì mǐ　　yì kē gǔ zhǒng luò dào dì shang lái　　dì
他们的地方，就一直不让一粒米、一颗谷种落到地上来。地

shang de rén āi　 qiú tiān shang de rén jiè yì xiē gǔ zhǒng lái zhòng tiān shang de rén jiù shì bù kěn
上的人哀求天上的人借一些谷种来种，天上的人就是不肯

gěi　　méi bàn fǎ　　dì shang de rén jiù pài le yì zhī jiǔ wěi gǒu dào tiān shang qù xún zhǎo gǔ
给。没办法，地上的人就派了一只九尾狗到天上去寻找谷

zhǒng　　jiǔ wěi gǒu lái dào tiān shang　　kàn jiàn tiān shàng de rén zài tiān gōng mén qián shài gǔ zi　　biàn
种。九尾狗来到天上，看见天上的人在天宫门前晒谷子，便

shēn chū jiǔ gēn wěi ba　　jù shuō nà shí de gǒu yǒu jiǔ gēn wěi ba　　　qiāo qiāo de xiàng shài
伸出九根尾巴（据说那时的狗有九根尾巴），悄悄地向晒

gǔ chǎng zǒu qù　　jiǔ wěi gǒu yòng gǒu wěi shang máo róng róng de xì máo zhān zhù le　　jiǔ wěi
谷场走去。九尾狗用狗尾上毛茸茸的细毛沾住了。九尾

gǒu yòng jiǔ gēn wěi ba zhān mǎn gǔ zi　　huí tóu jiù pǎo　　bú liào　　gāng pǎo le jǐ bù　　jiù
狗用九根尾巴粘满谷子，回头就跑。不料，刚跑了几步，就

被看守谷子的人发觉了。他们一边呐喊，一边追赶，一边挥

着斧钺乱砍。九尾狗的尾巴，一根根被砍断了，鲜血不断地

流下来，但它还是忍着剧痛，使劲地往前奔跑。当第八根尾巴

被砍下来的时候，它已经逃出天门，离开天界，回到了人间。

九尾狗的尾巴只剩下了一根，一根尾巴带来了几粒谷种。人们

很感激九尾狗，拿它尾巴上的谷

种去种。人

间从此有了

谷种。狗因为被

砍断了八根尾巴，

所以现在的狗只有一

根尾巴啦。狗把谷

种带到了人间，

救活了人们。人们为了报答狗，把狗养

在家里，给它吃白米饭。而谷种长出来

的谷穗，根根都像狗尾巴，据说就是这

个缘故。

2 从猛兽到忠犬

狗的祖先是狼。它是人类最早驯养的动物。狗被驯化的年代大约在1万年前的新石器时期。放眼世界,各国的考古资料也表明,狗很早就与人类文明相伴而行了:伊拉克贾尔木早期的村庄——公元前7000年—公元前6500年的遗址中就发现有狗的骨骼;土耳其凯奥努遗址中的狗,经测定生活在公元前7000年;大约与此同时,欧洲也有了家狗,在丹麦中石器时期的马格勒莫斯文化层中有狗的发现;公元前7500年英国约克郡的斯塔尔加尔中石器时期遗址中也有狗的发现。此外,在我国甘肃秦安大地湾新石器文化遗址出土的彩陶壶上,有发现4只家犬的形象,而且都描绘得生动可爱。这些发现说明,新时器时期人类与狗的关系就相当明确，狗已经成为人类的亲密伙伴。

传统观点认为，很久以前的人类将狼的幼崽从狼窝里抱出来并喂养它们，让它们以为人类和自己同属一个"兽群"。这些被驯养的狼和人类住在一起并繁殖后代。照看它们的人特别关心那些皮毛单薄或者骨架沉重的狼，因为在荒野中，具有这些特征的狼是比较容易死亡的。随着时间的流逝，人们开始有选择地喂养狼狗，最终培育出了我们现在所看到的各种各样的狗。

延伸：西方文化中的狗
yánshēn xī fāngwénhuàzhōng de gǒu

西方人普遍认为"狗是人类最忠实、最可靠的朋友"。

西方的孩子们从小最喜欢听的故事叫"义狗救主"。在英

文词汇里，凡是和"dog"（狗）连在

一起的词，大都是褒义词。比

如，"Top dog"直译为"顶

头的狗"，实际含义是"有

最高权威的""胜利者"，

"Lucky dog"直译为

"幸运的狗"。中国人过

新年，人家祝贺你在新的

一年中成为"Lucky

dog"，你准不高兴。而西方人会高兴得跳起来，因为它的国

际含义是"幸运儿""Every dog has is own day"直译为"每只

狗都有自己的日子"，实际上是俗语"凡人皆有得意日"。欧

洲文明中，最早是以渔猎和畜牧文化为主，这主要是由于当

地的气候、环境等因素造成的。在以渔猎、畜牧为主的文化

背景下，狗成了重要的劳动力和生产工具。这也是为什

么在人类选育出的几百种犬种中，大量的猎犬、牧羊犬

都出自西方国家。

3 性格迥异的伙伴

人的性格和行为特征的 30%~50% 取决于遗传基因，

狗性格的形成与人类有类似的地方，都与遗传及其生活

环境有关，并且遗传是主要因素。动物的一切生命活动都

受大脑神经的支配，大脑神经的基本活动过程表现为兴

奋和抑制两种方式，这两种方式的强弱、是否均衡，以

及两者相互转化的灵活性如何，就决定了狗的不同性格。

除了遗传因素外，狗的性格还会随着主人性格、主人家庭成员、生活环境、饲养方式等因素的变化而变化。

一只胆小的幼犬如果被养在一个喜欢安静的人家里，它就会慢慢习惯一个没有干扰的环境，随着它的长大，它就会变得越来越胆小，只要遇上生人，就表现出急欲逃跑躲避之态，或者狂吠不止。同样是胆小的幼犬，如果主人热情外向，就会经常带它到喧闹的人群中，它就会慢慢习惯，渐渐

改变原来胆小的性格。同样，幼时性格活泼的狗，如果碰到了一个沉默寡言的主人，在一个安静的环境中长大，因为它过度无聊便不停地吠叫，或者由于烦躁而不停地碰触，让主人感到厌烦，因而会经常受到训斥，久而久之，不管原先是多么好脾气的小狗，长大后性格只有变得越来越坏。换句话说，狗养成什么样的性格，其中部分原因也是由主人决定的。研究显示，不管是哪种性格的狗，都有可能被调教成为主人所喜欢的狗的类型。

判断狗某方面性格是否需要改正，应该以狗长大后这方面的性格是否能为人们所接受为标准。专家表示，"如果狗身上有你所不能接受的恶习，那你就应该及时对它进行调教，任其自由发展是不明智的。对狗的调

教一般在狗出生后 2~3 个月开始。调教时可
以灵活运用夸奖和申斥两种手段。两者相
辅相成，缺一不可。只有适时夸奖与适度申斥
相结合，才有助于调教成功。

yánshēnquǎnwèishénmetōngrénxìng
延伸：犬为什么通人性

狗对主人的忠诚，从情感基础上看，有两个来源：一是对母亲的依恋信赖；二是对群体领袖的忠诚服从。这就是说，狗对主人的忠诚，其实是狗对母亲或群体领袖忠诚的一种转移。从血统角度看，现代家狗可分为两类：胡狼血统与狼种血统。胡狼血统狗的忠诚，主要与第一个情感来源相联系，即主要出于对母亲的依恋信赖，这种母亲，可以是任何一个对它表示友善的人；狼种血统狗的忠诚，主要出于对狗的群体领袖的忠诚服从，这种领袖，对狗来说，一生只有一个。

第二章　走进狗狗家族

狗与人类的生存和发展密切相关，它们对人类最重要的作用是做伴。经过约一万年的发展，狗的品种越来越多。最近的大量研究结果表明，现存的狗有450种左右。有可放进茶杯里的卷毛狗、爱尔兰牧羊狗、珍贵的中国沙皮及各种杂交狗等，种类繁多，不一而足。除了南极洲外，家犬在世界各地繁衍生息。不论生活在哪里，家犬们都能以它们的专长、出色的适应性、机智的头脑和群体合作的力量，得以幸福生活。狗可以分为工作犬、观赏犬、单猎犬几大类。接下来就让我们一起来认识一下它们吧！

1 盲人的眼睛

工作犬，一般来说都比较聪明，好训练，服从性强。

这种犬包括传统的护卫犬和工作犬，如罗特韦尔犬，主要用于工作，它英勇无畏，是天生的护卫犬。如今，工作犬担任的角色更广，它们不仅可以是警卫守护犬，用于保护主人的生命和财产安全，还可以成为军犬、警犬、导盲犬、搜毒犬、搜爆犬，漏气探测

和落水、火灾、失踪救护犬。

导盲犬可能是工作犬中大家最熟悉的一种。经过训练的导盲犬可帮助盲人去学校、商店、洗衣店、街心花园等。它们习惯于颈圈、导盲牵引带和其他配件的约束，懂得很多口令，可以带领盲人安全地走路，当遇到障碍和需要拐弯时，会引导盲人停下以免发生危险。导盲犬具有自

rán píng hé de xīn tài   huì shì shí zhàn lì   jù shí   bāng zhù máng rén chéng chē chuán dì wù
然平和的心态，会适时站立、拒食、帮助盲人乘车、传递物

pǐn   duì lù rén de gān rǎo bù yǔ lǐ cǎi   tóng shí yě bú huì duì rén jìn xíng gōng jī   zài dǎo
品，对路人的干扰不予理睬，同时也不会对人进行攻击。在导

máng quǎn de tiāo xuǎn shàng yào qiú qí shén jīng lèi xíng wéi ān jìng xíng   zhè zhǒng quǎn xué xí
盲犬的挑选上要求其神经类型为安静型，这种犬学习

suī màn   dàn xué huì de néng lì huì zhōng shēng bú wàng   bìng qiě néng gòu zhōng shí de lǚ xíng
虽慢，但学会的能力会终生不忘，并且能够忠实地履行

zì jǐ de zhí zé
自己的职责。

延伸：什么样的狗狗适合做导盲犬

各国会选择不同的当地犬种作为导盲犬，比较常见的犬种有拉布拉多、黄金猎犬（金毛寻回犬）、德国牧羊犬（狼狗），及其他一些品种。这些狗的体型适中，便于牵引；更主要的是狗的性格稳定，忠诚，热爱工作，对大人和小孩都很友好；聪明，服从，便于训练。但并不是任何一只狗都可以做导盲犬。选择一只狗做导盲犬，首先要考察三代，查每一代的生理状况及遗传疾病、性格、行为特征等因素。很多导盲犬协会拥有自己的犬种繁育中心，无疑这些犬的父亲母亲都做过导盲犬，小狗生下来就具备了一定的遗传基因，这样无疑会提高训练的成功率。

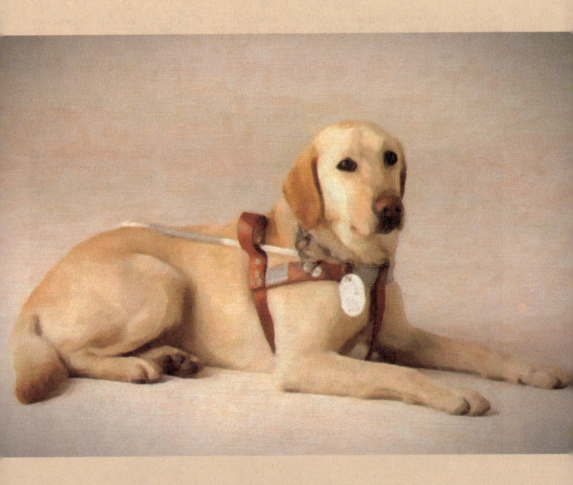

2 茶杯中的小可爱

观赏犬一般包括两种类型：一种是外表漂亮、光彩照人的小型犬，它们小巧玲珑，温柔娴美，有时忧怨缠绵，令人爱怜；有时顽皮嬉戏，相伴左右，令人欢欣，充分展现了观赏犬漂亮大方、温柔迷人的特色。另一种是外表刚毅、严峻、机敏的大型犬，它们体格强壮，机

警勇敢，常常在主人危难时挺身而出，忠义可嘉，充分显示了观赏犬英俊勇敢的一面。小型犬的温柔美丽、大型犬的刚毅忠主，使犬类漂亮英俊的外表美和生命中朴实无华、忠贞不二的内在美和谐地结合在一起，从而形成了犬类数千年来长盛不衰的完美特色，这就是观赏犬的魅力所在，也是它数千年来被人类宠爱有加的原因。

茶杯犬又名茶杯贵宾犬，是一种高级宠物犬。它的体型通常在20厘米以下，体重低于2千克。茶杯犬起源于美国，发展于日韩，如今已得到进一步的改良。茶杯犬因小巧可爱，成为众多贵宾爱好者的新宠。所谓的茶杯犬并不是指某个单一品种。现在比较稳定的茶杯犬种类有茶杯贵宾、茶杯约克夏、茶杯玛尔济斯（马耳他）、茶杯吉娃娃、茶杯博美等。茶杯贵宾犬可以看作是玩具贵宾犬的缩小版。茶杯犬不同于一般小体型犬只的敏感性格，也区别于吉娃娃、博美之类的微型犬，它更多继承了玩具贵宾犬温顺、活泼、与人为善、聪明灵巧的秉性。

shén qì de liè shǒu
3 神气的猎手

xiǎo péng you
小 朋 友

men zài rèn shi le gōng zuò quǎn hé guān
们，在认识了工作犬和观

shǎng quǎn hòu jiē xià lái zài ràng wǒ men
赏犬后，接下来再让我们

rèn shi yí xià liè quǎn liè quǎn jiā zú zhōng
认识一下猎犬。猎犬家族中

chéng yuán zhòng duō zǒng de lái shuō kě fēn
成员众多，总的来说，可分

wéi dān liè quǎn qún liè quǎn yǐ jí gěng quǎn
为单猎犬、群猎犬以及梗犬

sān zhǒng
三种。

dān liè quǎn yì bān dōu hěn
单猎犬一般都很

cōng míng yǒu huó lì bǐ jiào hào
聪明，有活力，比较好

dòng fú cóng xìng qiáng dān liè quǎn shì liè rén yòng liè qiāng liè niǎo shí de zhù shǒu tā men
动，服从性强。单猎犬是猎人用猎枪猎鸟时的助手。它们

kě yǐ dān dú péi bàn rén men jìn xíng dǎ liè gōng zuò jù yǒu shùn cóng de gè xìng hé jí gāo
可以单独陪伴人们进行打猎工作，具有顺从的个性和极高

de zhì huì dān liè quǎn de fēn gōng bù tóng yǒu de shì zhǐ chū liè wù suǒ zài dì de zhǐ shì
的智慧。单猎犬的分工不同，有的是指出猎物所在地的指示

quǎn yǒu de shì tōng zhī zhǔ rén liè wù suǒ zài dì de sài tè quǎn yǒu de shì duì huí shōu liè wù
犬，有的是通知主人猎物所在地的塞特犬，有的是对回收猎物

27

非常在行的寻回犬，还有发现猎物就会飞扑过去捕捉的西班牙长耳猎犬，以及在水边很会找寻猎物的水猎犬。单猎犬与人合作捕鸟，和人的协调性极佳，是名副其实的狩猎高手，更是家庭爱犬。

群猎犬一般都很聪明，非常有活力，很好动，很贪吃。虽然它们聪明，但自身约束能力差，不能接受训练。在外出的时候，虽然很黏主人，却不听口令。它们是专为狩猎而培育的品种，通常是短毛型，毛色有两三种，体型中等，体格适于运动。它们有的主要是因为耐力而被培育，而有的是因为速度。群猎犬大略可以分为两类：一类为视觉猎犬，

如阿富汗猎犬；另一类为嗅觉猎犬，如寻血猎犬，主要的区别在于狩猎技巧。有些品种在本地区以外还少为人知，仍然只专注于天赋的狩猎工作。它们通常不能适应城市的生活方式，天性友善，但由于狩猎本能是如此的强烈，因此训练它们把猎物带回来是件困难重重的事。

牧羊犬是专业从事放牧工作的犬。它们非常聪明，很有活力，大多都可以训练，服从性很强，很依恋主人，大致有德国牧羊犬、苏格兰牧羊犬、边境牧羊犬、喜乐蒂牧羊犬和比利时牧羊犬。在过去千百年间，牧羊犬是负责牧羊、畜牧的犬种。它们的作用就是在农场负责警卫，避免牛、羊、马等逃走或遗失，也保护家畜免于熊或狼等动物的侵袭，同时也大幅度地杜绝了偷盗行为。随着历史的发展，牧羊犬逐步受到各国皇室的喜爱，以至于上流阶层和普通民众逐渐把它当成玩赏犬饲养。

4 走进狗狗家族

小朋友们，在看完了狗狗家族的分类后，你们已经对不同狗狗的分工和属性有了一定的了解。每一种犬都有不同的特色和风采。接下来就让我们走进狗狗家族，看看它们可爱的模样，还有每种犬各有着怎样精彩的故事吧！

4.1 西伯利亚的雪中骑士

小朋友们，你们是否见过这种外形酷似狼的狗狗，它们有着神奇的外表和一颗不羁的心，以淘气闻名。没错，它们就是西伯利亚哈士奇，也叫西伯利亚雪橇犬，是原始的古老犬种。哈士奇这个名字源自它们独特的嘶哑叫声。在西伯利亚东北部的原始部落楚克奇族人，用这种外形酷似狼的犬种作为最原始的交通工具来拉雪橇，并用这种狗猎取和饲养驯鹿，或者通过繁殖这种狗来交换食物。哈士奇性格多变，有的极端胆小，有的极端暴力，而进入家庭的哈士奇都已经没有了野性，比较温顺，是一种流行于全球的宠物犬。小朋友们，你们的身边有没有见过雪中骑士哈士奇呢？

4.2 高山上的救助者

圣伯纳犬自 18 世纪以来就在瑞士的基督教堂被饲养，它们的祖先是一只公獒犬以及一只母的纽芬兰犬。它们的名字起源于教堂的名字：圣·唐·松·伯纳德。这些圣伯纳犬在教堂生活已有 3 个世纪了，据统计一共救了 2000 个人的生命。尽管后来火车隧道穿越了阿尔卑斯山，徒步或坐

车经过圣伯纳关口的人大为减少，但教士们仍继续饲养圣伯纳犬作为他们的伙伴。

圣伯纳犬无须训练即可完成救助工作，因为它们有救助他人的本能，这种天性也成了教士们训练圣伯纳犬的基础。在教士们的陪伴下，年轻的圣伯纳犬与年长的犬一起巡逻，搜寻意外伤亡的旅行者。当狗发现了遇难者，一只犬就会卧在他的身边，给他取暖，并舔他的脸部使其恢复知觉，同时，另一只犬会返回收容所报信，并带领救援者返回出事地点。除了极强的认路本领和灵敏的嗅觉能帮它们找到埋在雪堆里的遇难者之外，圣伯纳犬还有不可思议的第六感觉，可以察觉到雪崩的到来。曾有报道说，一只圣伯纳犬在雪崩来临前几秒突然离开原来的位置，它刚一离开，原来的位置就被数吨的冰雪覆盖。

4.3 尊贵的小京巴

小朋友们，让我们一起来看看这只憨态可掬的小狗。它是北京犬，又叫宫廷狮子狗、京巴犬，是中国古老的犬种。

北京犬是一种平衡良好、结构紧凑的小狗，它们的前躯重而后躯轻。北京犬有个性，表现欲强，其形象酷似狮子。

它性格勇敢、大胆、自尊北京犬起源于中国，从秦始皇时代到清王朝，它们一直是皇宫的玩赏犬，在历代王朝

中备受恩宠，取名为京巴犬。

这种古老的犬从有记载开始就一直只供皇族和王公大臣饲养，在民间不被允许。据史料记载，唐代就有人因偷运北京犬而被惩罚的事例，唐代皇帝驾崩会用此犬陪葬。在宋代，该犬被称为罗红犬或罗江犬。在元代，它们被称为金丝犬。在明清两代，人们又称它们为牡丹犬。慈禧太后非常宠爱这种狗。官吏们对北京犬的宠爱更是到了必须"随身携带"的程度，出门时就把它放在宽大的衣袖内。所以，北京犬又被称作"袖犬"。

4.4 犬中王者
quǎn zhōng wáng zhě

小朋友们，你们知道吗，世界上最凶猛的狗要比狼还要厉害。它们就是藏獒，又叫藏狗、龙狗、羌狗，原产于中国青藏高原，是一种高大、凶猛、垂耳的家犬。它们的身长约130厘米，体毛粗硬、丰厚，外层被毛不太长，底毛在寒冷的气候条件下，则浓密且软如羊毛，耐寒冷，能在冰雪中安然入睡。在温暖的气候条件下，底毛则非常稀

少。它们的性格刚毅，力大凶猛，野性尚存，使人望而生畏。它们护领地，护食物，善攻击，对陌生人有强烈敌意，但对主人极为亲热。

藏獒是极古老的大型犬种。根据考古学家对其古化石的鉴定，证实其驯养历史已超过5000年。藏獒因为生活地区不同，在外观上也有差别。据相关资料显示，品相最好的上品藏獒出自我国西藏的那曲地区。茂密的鬃毛像非洲雄狮一样，前胸阔，目光炯炯有神，含蓄而深邃。喜马拉雅山脉的严酷环境赋予了藏獒一种粗犷、剽悍及刚毅性格，同时也赋予藏獒王者的气质。还有一种藏獒出青海地区，这种藏獒几乎没有鬃毛，身上的毛也比较短，体型却更大！但是它的性格没有带鬃毛的藏獒凶猛。

4.5 最温柔的猎手

在家养犬中，最受欢迎的狗狗之一便是金毛寻回猎犬了。在 19 世纪苏格兰的一位君主，用黄色的拉布拉多寻回犬、爱尔兰赛特犬和今天已经绝迹的杂色水猎犬，培育出了一种金黄色的长毛寻回犬，后来这一品种成为著名的金毛寻回犬。这种犬非常适合叼衔猎物，因为它们的嘴巴在叼衔时力度适中，十分柔和。并且，金毛寻回犬有很强的游泳能力，能把猎物从水中叼回给主人，很适合作为家庭

犬，经过训练还能作为警犬、导盲犬、搜爆犬。

金毛寻回猎犬为中型犬体格健壮，对工作富有热情，任何气候下都能在水中游泳，深受猎手的喜爱。现在有的被作为家犬饲养。金毛寻回犬很活跃，喜欢玩，但也出奇地有耐心，可以静静地坐上几个小时不动，就好似在狩猎伪装等待猎物一样。和拉布拉多犬一样，它们的智力、对人的感情和他们对小孩的容忍力都很出众。从另一方面来讲，它们也需要人经常陪伴。

4.6 能干的犬中精英

小朋友们,一起来看看这只神气的大狗狗吧!它的名字叫德国牧羊犬,又称德国狼犬,分为短毛弓背犬和长毛平背犬两种。这两种犬在性格和智商上没有差异,但在体型与毛质上有所不同。通常来讲,母犬繁殖的长毛平背类会被饲养者淘汰,因为人们认为这属于一种返祖现象,这种情况至今仍然发生在许多纯种德国牧羊犬身上。德国牧羊犬体型大小适中,有黝黑发亮的脸庞、厚厚

的毛、竖立的耳朵、杏眼，肌肉结实，四爪锋利，背脊笔直。

它们的身体雄健，各部位匀称和谐，姿态端庄美观，生理机能好，繁殖力强。由于绝大多数被毛为黑灰色，或者腹部为灰白色，背部为黑灰色，所以俗称"黑背"。

特别与众不同的是，德国牧羊犬的感觉极为敏锐，警惕性高，素有"警犬"之称。它们的听觉灵敏，通常比人强16倍。行动时胆大凶猛，机警灵活，敏捷轻快，追踪猎物奔跑的速度可达每小时60千米。静态时安稳沉着，富于耐性，刚柔相济，依恋性强，易于训练。它们聪慧、忠诚，与主人配合默契。因此，现在德国牧羊犬被广泛用于各个领域，特别是军、警用犬，它们在追踪、救护、搜毒、护卫等方面都屡建奇功。

4.7 灵气十足的大明星
líng qì shí zú de dà míngxīng

在这个世界上，有些犬以娇小漂亮的外形获得人们的喜
zài zhè ge shì jiè shang yǒu xiē quǎn yǐ jiāo xiǎo piào liang de wài xíng huò dé rén men de xǐ

爱，有些犬以善解人意的灵气得到主人的信任。苏格兰牧羊
ài yǒu xiē quǎn yǐ shàn jiě rén yì de líng qì dé dào zhǔ rén de xìn rèn sū gé lán mù yáng

犬显然是属于后者。从古老的畜牧作业犬到影视作品中不
quǎn xiǎn rán shì shǔ yú hòu zhě cóng gǔ lǎo de xù mù zuò yè quǎn dào yǐng shì zuò pǐn zhōng bú

断出现的主角，它的机警、聪慧与勤劳都给人留下了深刻印
duàn chū xiàn de zhǔ jué tā de jī jǐng cōng huì yǔ qín láo dōu gěi rén liú xià le shēn kè yìn

象，不愧被称为能够与人终生为伴的明星狗。苏格兰牧
xiàng bú kuì bèi chēng wéi néng gòu yǔ rén zhōng shēng wéi bàn de míng xīng gǒu sū gé lán mù

羊犬起源于苏格兰低地，在国外都称为柯利犬，名字来自
yáng quǎn qǐ yuán yú sū gé lán dī dì zài guó wài dōu chēng wéi kē lì quǎn míng zi lái zì

当地叫可利的黑羊。它和许多其他犬种一样，深得维多利亚女王的恩宠。1860年，当女王亲临苏格兰访问时，携带数只返回温莎堡饲养，于是，在英国它逐渐成为广受好评的牧羊犬。它在电视剧中曾大出风头。美国的孩子们认为这种犬是最有魅力的猎犬。1940年，苏格兰牧羊犬因主演莱西（由古典小说改编的电影《灵犬莱西》）一角而闻名。

几个世纪以前，除了苏格兰地区外，几乎无人知晓牧羊犬，而现在它则成为世界上受欢迎的犬种之一。

4.8 犬家族的智商担当
quǎn jiā zú de zhì shāng dān dāng

gǒu gou de zhì shāng xiāng jiào yú qí tā dòng wù gèng gāo　kě yǐ hěn hǎo de lǐ jiě
狗狗的智商相较于其他动物更高，可以很好地理解

rén de zhǐ lìng yǔ shì yì　gèng yǒu yì xiē pǐn zhǒng de gǒu　zhì shāng yǔ jǐ suì de xiǎo péng
人的指令与示意。更有一些品种的狗，智商与几岁的小朋

yǒu xiāng dāng quǎn zhōng de zhì shāng dān dāng　jiù shì biān jìng mù yáng quǎn　yòu míng biān jìng
友相当。犬中的智商担当，就是边境牧羊犬，又名边境

kē lì　shì yì zhǒng fēi cháng cōng míng de quǎn zhǒng zhǔ yào fēn bù zài　　gè guó jiā
柯利，是一种非常聪明的犬种，主要分布在 4 个国家：

yīng guó　měi guó　ào dà lì yà hé xīn xī lán　měi guó kē xué jiā tōng guò dà liàng cè shì
英国、美国、澳大利亚和新西兰。美国科学家通过大量测试研究发现，边境牧羊犬的服从智商 超过德国牧羊犬和贵妇犬，在100多个犬种中排名第一。边境牧羊犬身高46~54厘米，体重14~22千克，精力充沛、警惕而热情。智商相当于6~8岁小孩智商，聪明是它的一大特点。对朋友非常友善而对陌生人明显地有所保留，与小孩相处友善。它是一种卓越的牧羊犬，它乐于学习并对此感到满足，且在与人类的友谊中茁壮成长。它适合住室外，需大量运动。边境牧羊犬不只是人类生活中的最佳宠物犬、伴侣犬，也是家庭中很好的看家护院犬。

4.9 优雅贵气的小家伙

小朋友们，你们是否喜欢小巧可爱，可以一把抱在怀里的小狗狗呢？贵宾犬也称"贵妇犬"，属于非常聪明且喜欢狩猎的犬种。经过精心修剪，模样神气的贵宾犬，使人们很容易把它和王公贵族联系在一起。但是这种备受人们宠爱的犬过去却曾作为水猎犬，从欧洲冰冷的沼泽地和池塘中为猎人捡回猎物。贵妇犬德国，以水中捕猎犬而著称。贵宾犬分为标准犬、迷你犬、玩具犬三种。它们之间的区别只在于体型的大小不同。贵宾犬出现在英国前，已经出现在欧洲大陆人们的生活中，在德国画家

<ruby>15—16 世纪的作品中，就可以追寻到贵宾犬的身影<rt>shì jì de zuò pǐn zhōng jiù kě yǐ zhuī xún dào guì bīn quǎn de shēn yǐng</rt></ruby>。18 世纪

<ruby>末，贵宾犬已是西班牙主要的宠物犬，这可从西班牙绘画作<rt>mò guì bīn quǎn yǐ shì xī bān yá zhǔ yào de chǒng wù quǎn zhè kě cóng xī bān yá huì huà zuò</rt></ruby>

<ruby>品上得到印证。法国路易十六时期的浮雕中也有玩具型贵<rt>pǐn shang dé dào yìn zhèng fǎ guó lù yì shí liù shí qī de fú diāo zhōng yě yǒu wán jù xíng guì</rt></ruby>

<ruby>宾犬出现。从 1 世纪后在地中海沿岸发现的贵宾犬图案，和<rt>bīn quǎn chū xiàn cóng shì jì hòu zài dì zhōng hǎi yán àn fā xiàn de guì bīn quǎn tú àn hé</rt></ruby>

<ruby>20 世纪现代贵宾犬是非常相像的，图案中的贵宾犬被<rt>shì jì xiàn dài guì bīn quǎn shì fēi cháng xiāng xiàng de tú àn zhōng de guì bīn quǎn bèi</rt></ruby>

<ruby>剪成像狮子一样的造型。<rt>jiǎn chéng xiàng shī zi yí yàng de zào xíng</rt></ruby>

延伸：狗的耳朵分为哪些类型

狗的耳朵有长有短，耳根附着位置有高有低，有的耳大，有的耳小，其形状也不同。狗的耳型大致有以下几种：

（1）蝙蝠耳：为根部宽、尖端较圆的钝三角形竖耳，似蝙蝠的耳，如法国斗牛犬。

（2）纽扣耳：在耳朵中部向头盖骨方向扭转，形似裤腰上的裤钩。

（3）直立耳：耳呈尖长三角形，完全挺立于头上，如德国牧羊犬的耳型；另一种是原为垂耳或半垂耳，经人工剪截后呈窄尖的三角形竖立、如大丹犬、拳师犬等。

（4）半直立耳：耳根竖立，耳尖向前方折曲，如苏格兰牧羊犬、喜乐蒂牧羊犬等。

（5）垂耳：整个耳朵在头部侧面下垂，如贵宾犬、波音达犬、八哥犬、藏獒。

（6）玫瑰形耳：耳尖向后翻转，露出耳的内部，似玫瑰花瓣，如灵提。

cōngmíng de dà nǎo dai
1 聪明的大脑袋

xiǎopéngyoumen rúguǒyào duì gǒugou jìn xíng fēn lèi de huà huì yǒuduō zhǒng fāng
小朋友们，如果要对狗狗进行分类的话，会有多种方

fǎ cóng gǒugou zuì míng xiǎn de tè zhēng lái shuō gǒu yǒu sān zhǒng jī běn tóu gǔ xíng zhuàng
法。从狗狗最明显的特征来说，狗有三种基本头骨形状：

dì yī zhǒng háng tóu xíng yě jiù shì zhǎng zhe cháng bí zi rú cū máo mù yáng quǎn ā
第一种，长头型，也就是长着长鼻子，如粗毛牧羊犬、阿

fù hàn liè quǎn dù bīn gǒu hé hú gěng dì èr zhǒng duǎn tóu xíng
富汗猎犬、杜宾狗和狐梗。第二种，短头型，

yě jiù shì yōng yǒu duǎn ér biǎn píng de bí zi rú hǎ
也就是拥有短而扁平的鼻子，如哈

ba gǒu dòu niú quǎn hé běi jīng gǒu dì sān zhǒng zhōng
巴狗、斗牛犬和北京狗。第三种，中

tóu xíng shì jiè yú shàng shù liǎng zhǒng zhī jiān de gǒu gou
头型，是介于上述两种之间的狗狗

men tóu gǔ de tè zhēng qǔ jué yú tóu gǔ de zhěng tǐ
们。头骨的特征取决于头骨的整体

wài xíng hé lèi xíng yǎn jing wèi yú quán gǔ nèi de yǎn wō
外形和类型。眼睛位于颧骨内的眼窝

chù liǎng gè quán gǔ jué dìng le zhěng gè tóu
处，两个颧骨决定了整个头

gǔ de kuān dù bù tóng
骨的宽度。不同

gǒu zhǒng de quán gǔ
狗种的颧骨

xíng zhuàng gè yì cháng
形状各异，长

bí gǒu quán gǔ qǔ dù jiào xiǎo ér duǎn bí gǒu quán gǔ qǔ dù jiào dà
鼻狗颧骨曲度较小，而短鼻狗颧骨曲度较大。

rú guǒ cóng gǒu gou de yǎo hé lèi xíng lái fēn lèi nà me yǒu sì zhǒng bù tóng de gǒu
如果从狗狗的咬合类型来分类，那么有四种不同的狗

gou duǎn tóu xíng gǒu de yǎo hé duō wéi xià hé tū chū xíng xià hé shēn cháng zhì shàng
狗。短头型狗的咬合多为"下颌突出"型，下颌伸长至上

hé zhī wài qí tā de lèi xíng yǒu píng yǎo hé xíng jí shàng xià píng zhěng xiāng hé jiǎn
颌之外。其他的类型有：平咬合型，即上下平整相合；剪

yǎo hé xíng yě jiù shì yá chǐ shàng xià jiāo cuò xiāng hé shàng hé tū chū xíng jí qí shàng
咬合型，也就是牙齿上下交错相合；上颌突出型，即其上

hé shēn cháng zhì xià hé zhī wài zhèng guī de gǒu zhǒng biāo zhǔn bāo kuò le duì měi tiáo gǒu yǎo
颌伸长至下颌之外。正规的狗种标准包括了对每条狗"咬

hé de yāo qiú gǒu de hé bù jī ròu fēi cháng fā dá jù shuō yì tiáo zhòng qiān
合"的要求。狗的颌部肌肉非常发达。据说一条重25千

kè de zá zhǒng gǒu de yǎo hé lì kě dá qiān kè ér rén lèi de píng jūn yǎo hé lì zhǐ
克的杂种狗的咬合力可达165千克；而人类的平均咬合力只

yǒu qiān kè gǒu gou de yǎo hé néng lì shì bú shì fēi cháng jīng rén ne
有20~30千克。狗狗的咬合能力是不是非常惊人呢！

延伸：神奇的大脑

狗脑与人脑的主要不同在于大脑，人类大脑的灰质比狗多。尽管两者都具有协调和控制身体的功能和行动，但人脑的作用要复杂得多。大多数狗脑能够感觉和辨认，但不能进行概念的联想。因此，一条狗也许能够学会辨认一枚硬币，却永远不会理解钱的概念，也不可能知道这枚硬币到底能买多少罐狗食。像圣伯纳犬这样的大型狗与人的体重

相差无几，而其脑的重量仅为人脑的 15%。有趣的是，狗脑中主管嗅觉区域的细胞数目是人脑相应区域细胞数的 40 倍。

2 尖牙与利爪

小朋友们都知道，狗是食肉动物，因此它们具有巨大强健而锋利的牙齿，用来嚼碎坚硬的物体。此外，狗的上下牙齿交错，门齿长而尖锐，且微微弯曲，通常称为"犬齿"，是捕捉猎物时有用的攻击武器。狗牙齿的长出时间各不相同。

另外，不知道小朋友们有没有观察过狗的四肢，狗的后肢通常有4个脚趾，而有的狗在后肢内侧会多出1个脚趾，一般称之"狼趾"或"狼爪"，又称第五趾。这趾一般不着地而悬在空中，故叫"悬蹄"。狼爪既无行走功能，又影响美观，在国外，养犬人多把它去掉，但对于长毛犬，因腿上的毛可遮住狼爪而使其无碍大雅，无须切除。如果不切除，要注意经常修剪狼爪的趾甲，因为它不着地磨损，很易长长并向内下方卷曲，甚至扎进趾垫的皮肉内，导致疼痛，甚至感染化脓，一定要多加注意。

延伸：怎样通过狗的牙齿看年龄

小时候我们就懂得看树轮可以知道树的年龄，而狗的年龄我们要怎么知道呢？其实狗的年龄我们可以看它的牙齿，通常健康的幼犬有28颗乳牙，到成年时有42颗恒牙。随着狗年龄的增大牙齿会慢慢磨损，此时我们可以根据狗狗牙齿的新旧、数量、磨损情况来看年龄。一般我们可以根据以下标准来判断：门牙处的乳牙一般在30~40天长齐；到2个月的时候长齐所有的乳牙，乳牙呈嫩白色尖细；第一乳门

牙更换时间在2~4个月时；5~6个月时第二、第三乳门牙和其他所有乳牙开始更换；8个月开始乳牙全部换成恒牙；1岁时恒牙全部长齐，牙牢固光洁尖锐；1岁半开始下颌第一门齿磨平；2岁半下颌第二门齿磨平；3岁半上颌第一门齿磨平；4岁半上颌第二门齿磨平；5岁下颌第一、第二门齿磨平呈矩形，下颌第三门齿稍磨平；6岁下颌第三门齿磨平呈钝圆；7岁下颌第一门齿至齿根部磨损呈纵椭圆形；8岁下颌第一门齿面向前方倾斜磨损；10岁上颌第一门齿、下颌第二门齿呈纵椭圆形磨损；16岁门齿脱落犬齿不全。

3 毛孩子的秘密

狗狗们有着厚厚的皮毛，是名副其实的"毛孩子"，不过，在毛发之下，狗狗的皮肤你有多少了解呢？狗的皮肤干燥，被覆于体表，其厚度因不同品种差别很大，由外向内依次分为表皮、真皮和皮下组织三层。狗的汗腺不发达，只在趾球及趾间的皮肤上有汗腺，分泌少量汗水，所以狗怕热。在炎热季节，狗常张口吐舌、流涎、急促呼吸、加快散热，以弥补汗腺的不足。狗一般每年有两个换毛期，晚春季节冬毛脱落，逐渐地更换为夏毛，晚秋初冬更换为冬毛。触毛生长在唇、眼部、眉间和脚趾等处，长而粗，在毛的根部富有神经末梢，有很高的敏感性，所以狗的触觉相当好。

延伸：狗狗出汗吗

狗的汗腺虽然不发达，但也是会出汗的，只是对体温的调节没有什么作用。炎炎酷夏，狗常嘴巴大敞，口水直流，目的是降温，只不过，狗的舌头实际上并不流汗。美国俄亥俄州立大学热生理学家杰克·布朗特解释说："蒸发皮肤表面或舌头上的液体会耗散以体温形式出现的热量，当蒸发带走潮湿，体温就会下降。"并且，短鼻子的狗比长鼻子的狗更怕热，更不容易散热。狗正常的体温应该在37.8℃~39℃，体温到达41℃以上时就属于高度危险了。在高热的环境或者是高湿闷热气候下，最快20分钟就有可能使狗的身体系统衰竭而死亡，所以中暑是夏季或其他闷热天气条件下对狗健康的最大威胁。每当狗的身体过热，人类就要带它们喝水降温或静下来停止活动。

4 打开心灵的窗户
dǎ kāi xīn líng de chuāng hu

小朋友们，你们知道吗，和人类相比，狗的视力大约只
有人的3/4。在所有动物种别中，狗的视力大约列在中等。
但是，狗对移动的物体具有特别的侦视能力：狗能够侦视
到一秒钟移动70条线的画面，而一般电视画面线条的移
动大约为一秒60条。同时，狗狗的夜视能力也较为出色，虽
然不敌小猫，却仍然比人类要强大。除此之外，狗狗的眼睛
还有许多奥秘，接下来就让我们一起探索吧！

4.1 狗狗是色盲吗

狗并非完全色盲，但是算是弱视，它们对颜色的分辨很模糊。但这并不意味着它们的世界是非黑即白的，狗不但能够看见色彩还可以根据色彩来采取行动，只不过它们能看见的色彩不如人眼丰富多样而已。事实上，一种叫作锥形体的物质决定了我们视力的高低。锥形体不仅能为我们提供看清细节的能力，还给了我们辨识色彩的能力。人类有三种不同类型的锥形体，而狗比人类少一种，因此狗对色彩的辨别能力要比人类低许多，并且狗狗们对红色的敏感度也要远远低于人类。

4.2 探寻眼中的色彩

在一组试验中,科学家向狗展示了一连串的三组光,在每一组中有两种为同一颜色。在经过一小段时间的训练之后,狗用鼻子选出与其他两组光线颜色不同的一组。通过变换光线的颜色并重复此过程,科学家确定:狗眼中的世界是由黑色、白色、深浅不同的灰色以及长波光谱(蓝)和短波光谱(红—黄)色彩组成的。研究人员最终确定,狗能够分辨颜色,它们眼中的彩虹颜色不是赤橙黄绿青蓝紫,而是按深灰、深黄、浅黄、灰、浅蓝和深蓝来排列的。换言之,它们眼中的绿色、黄色和橙色都是黄色,而紫色

hé lán sè dōu biàn chéng lán sè　　qīng lán sè zài tā men kàn lái shì huī sè　　ér hóng sè shì gǒu
和蓝色都变 成 蓝色。青蓝色在它们看来是灰色。而红色是狗

hěn nán biàn rèn de yì zhǒng sè cǎi　　tā men kě jiāng qí kàn chéng shēn huī sè huò hēi sè
很难辨认的一 种 色彩，它们可将其看 成 深灰色或黑色。

4.3 夜间巡逻的高手

光线暗淡时,狗的视力也比人的视力要好。狗是天生的肉食动物,靠着捕猎而生存,所以它们在暗处也有很好的视力。狗的眼睛能看到短波长的色彩,所以在日出或日落时,狗比人看得清楚。但在毫无光线的黑暗之中,狗也无法看见。此外,狗的角膜也较大,容许较多的光线进入眼内,因而较易在光线暗淡处见物。狗的夜视能力是人的5倍左右,不过逊色于猫。狗之所以能在夜间看清东西,原因之一是它们的瞳孔更大,可收集更多光线;原因之二是狗的

shì wǎng mó zhōng yāng yǒu gèng duō de gǎn guāng xì bāo　qí zhōng de
视网膜中央有更多的感光细胞，其中的

gǎn guāng huà hé wù néng duì ruò guāng zuò chū fǎn yìng　lìng wài　gǒu yǎn
感光化合物能对弱光做出反应；另外，狗眼

qiú de jīng zhuàng tǐ　lí shì wǎng mó yě gèng jìn　shǐ chéng xiàng gèng
球的晶状体离视网膜也更近，使成像更

míng liàng
明亮。

4.4 幽暗中发光的宝石

狗狗的眼睛在晚上的时候会发出微弱的光，就好像是光芒四射的宝石，有人说因为猫科和犬科动物眼球的结构比较特殊。这究竟是怎么回事呢？当光线透过视网膜到达在眼球后部的虹膜时，被虹膜再次反射到视网膜上成像，这就是猫狗在夜晚也能借助微光狩猎的原因。科学家研究发现，动物的眼睛在

夜晚放光，并非是简单地反射了夜晚中极其微弱的可见光，

而是反射了人眼看不见的红外线，并且在反射红外线时令其

发生蓝移，变成可见光。从虹膜反射回来的光线仍然会透

过视网膜，这就是微光下看到猫狗眼睛发光的原因。

5 敏锐的气味捕捉达人

小朋友们，你们是否有过这样的发现，生活中，当狗狗们为了确定陌生的事物，无论是对初次见面的人或初次到的地方，首先就是去闻味道，一直到它熟悉为止。对狗来说，味道是它的情报来源。但它也并非对所有味道都感兴趣，它只对动物的味道非常敏感，但对花或药品的味道却毫无兴趣。

对狗而言，鼻子不仅在脸上占据着最主要的位置，而且在大脑和它对世界的看法中也起着主导作用。狗的嗅觉器官

叫嗅黏膜，位于鼻腔上部，表面有许多皱褶，其面积约为人类的4倍。嗅黏膜内的嗅细胞是真正的嗅觉感受器，嗅黏膜内有2亿多个嗅细胞，为人类的40倍，嗅细胞表面有许多粗而密的绒毛，这就扩大了细胞的表面面积，增加了与气味

物质的接触面积。当气味随吸入的空气到达嗅黏膜，使嗅细胞产生兴奋，沿密布在黏膜内的嗅神经传到嗅觉神经中枢——嗅脑，狗狗们就产生了嗅觉。据说，狗可以辨别的气味和种类约为人的1000倍到1万倍。

狗的鼻子对那些有着特殊生理意义的气味敏感。尤其是信息素，这是动物分泌的一种用于传递同类间信息的有气味的化学物质。对于狗来说，分析信息素的气味，就等同于阅读

用文字记录下来的关于另一只狗的状况。狗的尿液中溶有许多信息素成分，因此包含大量关于自身的信息。狗常常喜欢嗅闻其他狗走过的路旁边的物品或者树，以此了解它们世界中的时事信息，而那些物品或树就成了它们世界中散播最新消息的花边小报。

狗敏锐的嗅觉被人类充分利用到众多领域。警犬能够根据犯罪分子在现场遗留的物品、血迹、足迹等，进行鉴别和追踪。即使这些气味在现场已经停留了一昼夜，如果犯罪现场保护得好，警犬也能鉴别出来。人穿过的雨靴，虽经三个月之久，警犬也能嗅出穿靴的人。缉毒狗能够从众多的邮包、行李中嗅出藏有大麻、可卡因等毒品的包裹。搜爆狗能够准确地搜出藏在建筑物、车船、飞机等物体中的爆炸物。救助狗能够帮助人们寻找深埋于雪地、沙漠及倒塌建筑物中的遇难者。

延伸：狗鼻子为什么是黑的？

狗鼻子除了少数是红色或银色，如维希拉猎犬和魏玛狗的鼻子同它们身体的皮毛般配，哺育期的小狗，开始时鼻子为粉红色，长大后才变为黑色。大多数狗的鼻子都是黑色的，这是为什么呢？事实上，狗的黑鼻子的表皮包含有皮肤

黑色素。黑色素细胞先产生出黑色素的原材料，将它们分泌到皮肤细胞内。皮肤被日光照晒，这些物质再进一步变黑。

皮肤中的黑色素可以防止细胞内的 DNA 因受到阳光中紫外线的照射而发生突变。狗身体的其余部分有皮毛防护，只有鼻子曝晒在日光下，鼻子为浅颜色的狗，如粉鼻头的狗、无毛狗，还有仅在耳朵上长有一点儿毛的狗，在户外活动时，同人一样，都需要涂抹防晒油，否则就有可能患癌症和被灼伤。

6 行走的警觉小雷达

小朋友们，除了高度发达的嗅觉，狗狗们的听觉也很发达，它们能听到的音频范围要远比人的宽得多，据测试，狗的听觉是人的16倍。举个例子来说，它们可以区别出节拍器每分钟振动96次、100次、133次和144次之间的微小差别。这对人而言，是难以想象的。是不是非常厉害呢！

狗不仅可分辨极为细小的高频率的声音，而且对声源方位的判别能力也很强，可以辨别出远方传来的各种声音。晚上，它即使睡觉时也保持着高度的警觉性，对半径1千米以内的各种声音都能分辨清楚。如果狗狗的耳朵是立耳，那么它们竖立的耳朵就像声音放大器，会把细小的声音变得很大，而且耳朵可以随声音传来的方向转动，就像小雷达一样，十分灵敏。同时，狗听到声音时，有注视声源的习性。这一特征使猎犬、警犬能够准确地接听到声音，为主人指明目标，以追踪和围攻猎物。

狗对于人的口令或简单的语言，可以根据音调、音节变化建立条件反射，完成主人交给的任务。由于狗的听觉很灵敏，可以听到很低的口令声音，在训练时没有必要大声喊叫。过高的声音对狗是一种逆境刺激，使狗有痛苦、惊恐的感觉，以致躲避，如鞭炮的响声、家用吸尘器的声音等都可以使狗的耳朵感到不舒服，甚至疼痛，平时应尽量避免。对于突如其来的较大声音，如雷鸣、飞机轰鸣声、鞭炮声等，狗会表现出一种恐惧感，并做出相应的反应。比如夹着尾巴逃避到安全的地方，钻进屋内或缩

着脖子钻到窄小的地方；再就是

对食物毫无兴趣甚至拒食，即使责

备也无效。而且只要声音持续存

在，狗的情绪就无法稳定，主人的

安慰也不会有什么效果。狗的机体

也会发生一系列变化，如呼吸加

快、全身颤抖、脉搏加快、体温

升高等。如果遇到较大噪声，在

保护自己的同时，也要注意保护

好狗狗们的耳朵哟！

yánshēn mǐngǎn de xiǎo bí zi
延伸: 敏感的小鼻子

狗狗有特别喜欢人碰触它的部位,譬如说,大部分的狗都喜欢你摸它的头部、颈部、背部、腹部,还有耳朵的外缘,给犬梳毛、拥抱都是对爱犬的一种最好的表达爱的方法。应当知道的是,狗不喜欢人们触摸其臀部和尾巴,尤其是陌生人,一旦触摸狗的这些部位,狗往往十分反感,从而呈

gōng jī zī shì　　shèn zhì huì yǎo rén　　gǒu de bí bù yě shì chù jué mǐn gǎn qū yù　　gǒu tè bù
攻击姿势，甚至会咬人。狗的鼻部也是触觉敏感区域，狗特不

xǐ huan bié rén pèng chù tā men de bí zi　　rú guǒ nǐ yòng lì tán gǒu gou de bí zi　　tā yí
喜欢别人碰触它们的鼻子，如果你用力弹狗狗的鼻子，它一

dìng huì mǎ shàng duǒ de yuǎn yuǎn de
定会马上躲得远远的。

7 犬类年龄的密码

小朋友们，一般来说狗的寿命是10~15年，最高纪录是34年。也就是说，一只狗狗陪伴一个家庭的时间是十分有限的，在它们有限的生命中，我们更应该给予它们温暖和关爱。狗狗1岁左右进入成年，2~5岁是壮年期，7岁后为老年期。

一般来说，人类饲养的狗寿命相对较长；大型狗寿命较小

xíng gǒu duǎn zá zhǒng gǒu bǐ chún zhǒng gǒu shòu mìng cháng gōng gǒu bǐ mǔ gǒu cháng shòu
型狗短；杂种狗比纯种狗寿命长；公狗比母狗长寿；

hēi sè gǒu bǐ qí tā sè gǒu cháng shòu
黑色狗比其他色狗长寿。

zhì yú gǒu gou jiū jìng néng huó duō jiǔ zuì zhǔ yào de yīn sù zài yú xuè tǒng hé pǐn
至于狗狗究竟能活多久，最主要的因素在于血统和品

zhǒng qí cì huán jìng wèi shēng yùn dòng yǐn shí xí guàn hé sì yǎng guǎn lǐ děng fāng
种。其次，环境、卫生、运动、饮食习惯和饲养管理等方

miàn de yīn sù dōu duì gǒu de shòu mìng yǒu yí dìng de yǐng xiǎng yǒu xiē pǐn zhǒng de gǒu shòu
面的因素都对狗的寿命有一定的影响。有些品种的狗寿

mìng jiào cháng kě yǐ huó nián shèn zhì nián yǐ shàng yǒu xiē pǐn zhǒng de gǒu
命较长，可以活18~20年，甚至20年以上；有些品种的狗

shòu mìng jiào duǎn zhǐ néng huó nián dà duō shù de gǒu píng jūn nián líng zài nián
寿命较短，只能活12~15年。大多数的狗平均年龄在14年

zuǒ yòu xiǎo péng you men nǐ men jiā zhōng de gǒu gou yǒu duō dà nián jì le ne kuài kuài
左右。小朋友们，你们家中的狗狗有多大年纪了呢，快快

kāi dòng nǐ men cōng míng de xiǎo nǎo guā yì qǐ jì suàn yí xià ba
开动你们聪明的小脑瓜，一起计算一下吧！

延伸：宠物狗寿命排行榜
（yánshēn： chǒngwùgǒushòumìngpáihángbǎng）

迷你贵宾犬：14.8 岁
（mí nǐ guì bīn quǎn ... suì）

拉布拉多猎犬：12.6 岁
（lā bù lā duō liè quǎn ... suì）

玩具贵宾犬：14.4 岁
（wán jù guì bīn quǎn ... suì）

美国可卡：12.5 岁
（měi guó kě kǎ ... suì）

迷你腊肠犬：14.4 岁
（mí nǐ là cháng quǎn ... suì）

柯利牧羊犬：12.3 岁
（kē lì mù yáng quǎn ... suì）

惠比特犬：14.3 岁
（huì bǐ tè quǎn ... suì）

阿富汗猎犬：12 岁
（ā fù hàn liè quǎn ... suì）

松狮犬：13.5 岁
（sōng shī quǎn ... suì）

金毛寻回猎犬：12 岁
（jīn máo xún huí liè quǎn ... suì）

西施犬：13.4 岁
（xī shī quǎn ... suì）

英国可卡：11.8 岁
（yīng guó kě kǎ ... suì）

比格猎兔犬：13.3 岁
（bǐ gé liè tù quǎn ... suì）

爱尔兰雪达：11.8 岁
（ài ěr lán xuě dá ... suì）

běi jīng quǎn ssuì
北京犬：13.3 岁

wēi ěr shì kē jī suì
威尔士柯基：11.3 岁

xǐ lè dì quǎn suì
喜乐蒂犬：13.3 岁

sà mó quǎn suì
萨摩犬：11 岁

biān jìng mù yáng quǎn suì
边境牧羊犬：13 岁

quán shī quǎn suì
拳师犬：10.4 岁

jí wá wa quǎn suì
吉娃娃犬：13 岁

dé guó mù yáng quǎn suì
德国牧羊犬：10.3 岁

liè hú gěng quǎn suì
猎狐梗犬：13 岁

dù bīn quǎn suì
杜宾犬：9.8 岁

bā jí dù quǎn suì
巴吉度犬：12.8 岁

dà dān quǎn suì
大丹犬：8.4 岁

xī gāo dì bái gěng quǎn suì
西高地白梗犬：12.8 岁

bó ēn shān quǎn suì
伯恩山犬：7 岁

yuē kè xià quǎn suì
约克夏犬：12.8 岁

cǐ wài chuàn zhǒng de gǒu shòu mìng zài suì
此外，串种的狗寿命在：12.6 岁。

第四章 狗狗习性知多少

1 不言不语亦能传情

小朋友们,你们家的狗狗在开心时是什么样的表现呢?是快乐地摇尾巴,还是像人类一样咧嘴笑嘻嘻呢?实际上,狗是有感情、有表情的动物,除了吠叫之外,它的眼、耳、口、尾巴以及身体动作,都可以表达不同感情和意义,

而狗在表达情绪时最明显的特征就是肢体语言。

通过狗的眼睛能看出心情变化。生气时瞳孔张开，眼睛上吊，眼神变得可怕；悲伤和寂寞时，眼睛湿润；高兴的时候，目光晶亮；充满自信或希望得到信任时，绝不会将目光移开；受压于人或者犯错误时，会轻移视线；不信任时，目光闪烁不定。狗耳朵也能表现情感。当耳朵充满力气向后贴时，表示它想攻击对方；当耳朵向后贴却很柔软时，表示高兴或是在撒娇。狗的尾巴最能表达它的感情。尾巴摇动，表示喜悦；尾巴垂下，意味着危险；尾巴不动，显

示不安；尾巴夹起，说明害怕。狗用全身的紧张状态来表示自己的愤怒，眼射凶光、龇牙咧嘴、发出喉音、毛发竖立，尾巴直伸，与它发怒的对象保持着一定距离。如果它身体前半部分下伏，后半部分隆起，做扑伏状，那就是要发起进攻了。

同时，狗狗并不会像人那样明显地展示出痛苦的症状，因为狗是捕猎者，它们的策略是要将注意力集中在兽群中最脆弱的个体身上。一只狗若是表现出痛苦和受伤，就会引发其他狗的捕猎本能。这是捕猎者的一种适应性反应，这样它在攻击一只受伤的动物时，自己就不容易遭到伤害，而被捕的动物逃跑的可能性会更小。如果你的狗在呜咽、哭泣或是喊叫，那就是痛苦达到相当剧烈的程度，超过它的保护极限和正常的保留范围。这时的狗受伤太过严重已经不在乎周围的看法了。但是通常情况下，狗痛苦的表现没有那么明显，它们会过度喘息。

对于狗来说，能够露出牙齿表示威胁的狗，便是地位高的

狗。而地位低的狗会露出腹部，并且四脚朝天。这就是狗的沟通方式，也就是说那是它们自己的语言。所以说对于肢体语言，狗的敏感度特别的高，它们特别善于观察，可以从同类的眼神、动作、叫声中做出相应的判断，并互相沟通。也正是这样的原因，狗的祖先才可以共同协作，组成它们的群体。在动物社会里，森严的等级制度使得它们不得不保持良好的互动和沟通，以此整个群体才得以延续和生存。肢体语言是它们沟通最主要的途径，就像我们人类的手语一样。

yánshēn gǒu yě huì dǎ hā qianma
延伸：狗也会打哈欠吗

与人类一样，狗在想睡觉或无聊时会打哈欠。另外在紧张时也会打哈欠。所以有的狗在要训练时打哈欠，它可不是想偷懒，而是因为紧张哟！研究表明，狗在人打哈欠时也会打哈欠，不过它们是把它作为一种与主人"神会"的方式。研究人员将29条狗和一个打哈欠的人关在同一个房间里，结果发现21条狗也开始打哈欠。也有研究发现：对会传染的哈欠敏感的人更能读懂他人的表情，而狗狗们可以把打哈欠作为与忙碌了一天回来后的主人神会的方式。研究人员说："狗拥有非凡的能力破译来自人类的社交信号，因此，它们拥有移情的能力也有可能，而这是打哈欠会传染的基础。"

2 划分地盘的秘密武器

小朋友们，你们有遛狗的经历吗？家中的成年公犬每次尿尿或便便以后，都会用后爪子踢土，即便是在家里地上没有土的地方，狗狗也会习惯性地踢几下，为什么这样呢？有的人以为狗狗便后踢土是在埋自己的大便，其实并非如此。如果狗真的想埋藏东西的话是会挖洞，然后用鼻子推土盖起来。实际上，狗这么做的原因是出于天生的习性，它的目的是用气味做记号，

来显示自己的势力范围。这点很像狗用尿液来占地盘，四处
尿尿就可以把别的狗留下的味道盖掉，狗的便便也有同样的
功能，可以证明它来过这个地方，而狗尿完或便便完再
踢土，可以把带有它气味的东西扩大范围。而且因为狗脚掌
上有汗腺，尤其是当它运动后流汗再踢土的时候就可以把汗
味留在土里了，让其他狗闻到就知道是它留下的味道，说明这
是它的地盘。也就是说，用脚踢土的动作可以强化狗的气味，
扩大气味的范围，强调它的存在。

狗很喜欢在垂直地面的墙面上撒尿留下印记，因为

gāo chù de qì wèi néng bèi fēng chuán de gèng yuǎn　niào yè hén jì de gāo dù wǎng wǎng yě
高处的气味能被风 传 得 更 远。尿液痕迹的高度往 往 也

néng biǎo míng zhè zhī gǒu de dà xiǎo　zài gǒu de shì jiè lǐ　tǐ gé dà xiǎo shì jué dìng lǐng dǎo
能 表 明 这只狗的大小。在狗的世界里，体格大小是决定领导

lì de yí gè zhòng yào yīn sù　yīn ér　zhòng shì lǐng dǎo lì de xióng xìng gǒu dōu yǎng chéng
力的一个 重 要因素，因而，重视领导力的雄 性狗都养 成

le sā niào shí tái qǐ hòu tuǐ de xí guàn　zhè yàng tā men kě yǐ bǎ niào yè sā dào gèng gāo de
了撒尿时抬起后腿的习惯，这样它们可以把尿液撒到更高的

dì fang　ér qiě niào yè liú de yuè gāo　jiù yuè bú yì bèi qí tā gǒu de niào gài guò ér mó hu
地方，而且尿液留得越高，就越不易被其他狗的尿盖过而模糊

le liú xià de qì wèi
了留下的气味……

gèng shén qí de shì　niào yè de qì wèi hái néng chuán dì guān yú gǒu qíng xù de xìn
　　　　更 神奇的是，尿液的气味还能 传 递关于狗情绪的信

xī　qíng xù de biàn huà wǎng wǎng bàn suí zhe yì zǔ yā lì jī sù de shì fàng　zhè zǔ jī sù
息。情绪的变化往 往 伴随着一组压力激素的释放，这组激素

会进入大多数体液。因而，一只恼怒的狗留下的气味和一只欢乐的狗留下的气味是不同的。还有一些人认为，动物可以"嗅出恐惧"。你应该看到过狗狗会时常抖动身体吧，有人以为是狗爱干净，把沾到毛上的尘土抖掉。其实狗狗这样做，是在利用抖落的毛发和皮屑留下味道，目的还是显示自己的存在。还有的狗喜欢在草地上躺着蹭或是打滚，这也是把自己的味道留下好让其他狗闻到的一种做法。生活中动物的许多行为，是不是都被我们误解了呢？

3 自然等级制度的捍卫者

小朋友们，你们是否注意过在自己的家中，狗狗最听哪位家人的话呢？实际上，在狗的心目中，主人是自己的自然领导，主人的家园是其领土。这种顺应的等级心理沿袭于其家族顺位效应。同窝崽犬刚开始并没有性别差异，一段时间

后，杰出的公犬就会镇压其他犬。可以说，从出生开始，等级制度就伴随着它们，顺位的争夺战总是一触即发。

在狗的家族中，它们知道自己的顺位，对于自己的地位绝不会搞错。有研究者提出，狗对人的顺位也很了解，并且大体上与我们所认定的顺位一致。在家养犬中，往往会出现这样的情况：狗对一家人的话并不是都服从，而只是服从自己主人的命令，主人不在时，才服从其他人的命令。狗在其等级心理的支配下，还会想方设法亲近主人或最高地位者，以获得他们的保护，在首领的影响下提高自己的顺位。正是狗的这种等级心理产生影响，才会对主人的命令言听计从，才会忠于其主人。如果犬对主人的等级发生倒位，则常出现犬威吓、攻击主人的现象。如果你们家的狗狗对任何人的话都不听，很有可能就是发生了等级的倒位。

延伸：今天，你拆家了吗

我们把狗自己留在家里，回家之后可能会发现家里乱成一团，甚至有些家具上会有它啃咬过的痕迹，为什么呢？因为狗有强烈的群居欲望，有些狗无法接受形单影只。当它被单独留在家里时，往往会因害怕不速之客的侵袭而吠叫、嚎叫、惊慌失措、随地大小便。有些被留下的狗喜欢把主人摸

guò huò yòng guò de dōng xi sōu luó dào yì qǐ jiāng zhǔ rén de qì wèi huán rào qǐ lái xíng chéng
过或用过的东西搜罗到一起，将主人的气味环绕起来形 成

yí zuò píng zhàng rú guǒ dōng xi tài shǎo bù zú yǐ xíng chéng yí gè bǎo hù quān shí gǒu jiù
一座屏障，如果东西太少不足以形 成一个保护圈时，狗就

huì bǎ tā men yǎo chéng suì piàn pū kāi lái
会把它们咬 成 碎片铺开来。

95

4 爱啃骨头的美食家

估计很多人都想不明白，到底为什么狗，以及其他很多食肉动物都愿意做这么没效率的事情——宁愿花上好几个小时，费尽力气又是刮又是咬的，只为把这么点看起来没多少营养的骨头吃干净呢？

事实上，在食物短缺的艰难时期，一只骨瘦如柴的动物

shēn shang zuì hòu de zhī fáng chǔ cáng qì jiù shì tā de gǔ tou　　gǔ suǐ chà bu duō yí bàn yǐ
身 上 最后的脂肪储 藏 器就是它的骨头。骨髓差不多一半以

shàng de chéng fèn dōu shì zhī fáng　　chú cǐ zhī wài　　gǔ tou zhōng hái yǒu yì zhǒng jiào zuò gǔ zhī
上 的 成 分都是脂肪，除此之外， 骨头 中 还有一 种 叫作骨脂

de yóu zhī　　shì tā bǎ gè lèi gài zhì lián jiē zài yì qǐ xíng chéng le gǔ gé　　zhè zhǒng zhī fáng
的油脂，是它把各类钙质连接在一起形 成 了骨骼，这 种 脂肪

suī rán kě xiāo huà xìng méi yǒu nà me hǎo　　jí zhōng dù yě bù gāo　　dàn yě shì yí dà bǐ zhī
虽然可消化性没有那么好，集 中 度也不高，但也是一大笔脂

fáng lái yuán　　suǒ yǐ hěn duō shí ròu wù zhǒng dōu jù bèi le néng bǎ gǔ tou yǎo suì de lì chǐ
肪来源。所以很多食肉物 种 都具备了能把骨头咬碎的利齿，

yǎo jī yě jìn huà de yì cháng yǒu lì　　biàn yú kěn chī gǔ tou　　zài zhè fāng miàn　　suī rán wǒ
咬肌也进化得异 常 有力，便于啃吃骨头。在这方面，虽然我

们驯化的犬类没有那种特化的利齿，不过它们的颚部更加

强壮，它们也有能力把最大的骨头都慢慢吃掉。当然最重

要的还是自然选择，它使得所有幸存下来的狗都天生有一

种啃骨头的欲望。把对于个体和物种生存必不可少的行为

变得特别有快感，这是自然选择常玩的把戏，狗嚼骨头时的

满足恐怕也来源于此。

小朋友们要注意啦，喂给狗的骨头最好是生骨头。因为烹煮过程会让骨脂从骨头里面渗出来，而且经常会把骨髓中的脂肪给融化掉，这样狗们就不会那么想吃了。除此以外，煮过的骨头还会变脆，能让狗们轻易咬成小碎块儿，但是吃下锋利的骨头碎片可能会让狗受伤。大多数情况下，生骨头以及里面的脂肪都能够被狗安全地吞下并良好吸收。这样看来，爱吃骨头的狗狗们还真是自然界的美食家呀！

5 小小瞌睡神
xiǎoxiǎo kē shuì shén

小朋友们，你们是否观察过家中狗狗的睡眠时间？

幼狗和老狗睡眠时间较长，年轻力壮的狗睡眠时间较少。

狗一般都是处于浅睡状态，稍有动静即可惊醒，但也有沉睡的时候。沉睡后狗不易被惊醒，有时发出梦呓，如轻吠、呻吟，并伴有四肢的抽动和头、耳轻摇。浅睡时，狗呈伏卧的姿势，经常有一只耳朵贴近地面。熟睡时常侧卧着，全身展开来，样子十分酣畅。它们睡眠时不易被熟人和主人惊

醒，但对陌生的声音仍很敏感。狗睡觉被惊醒后，常显得

心情很坏，非常不满惊醒它的人，刚被惊醒的狗睡眼蒙

眬，有时连主人也认不出来。

狗狗们没有较固定的睡眠时间，一天24小时都可以

睡，有机会就睡。但比较集中的睡眠时间多在中午前后及

凌晨两三点钟。每天的睡眠时间长短不一。狗睡觉的时

候，总是喜欢把嘴藏在两条腿下面，这是因为狗的鼻子嗅觉

最灵敏，要好好地加以保护，同时也保证了鼻子时刻警惕四

周的情况，以便随时做出反应。如果狗得不到充足的睡眠，

工作能力就明显下降，失误也很多。另外，睡眠不足，也会

使狗情绪变坏。睡眠不足的狗会表现为一有机会就卧地，并

不愿起立，常打哈欠，

两眼无神，精力分散。

这是不是和我们人类没

睡饱的时候十分相似

呢？

延伸：狗为什么喜欢和人一起睡？

这是因为狗在许多方面始终停留在幼犬阶段。即使是成年狗，它们也把自己的主人看作父母，所以，很自然，它们便想蜷缩在"母亲"身边。在这种情况下，"母亲"不一定是女主人。如果狗在平时和家里的男主人更加亲近，那么男主人就会成为它的"代理母亲"。即使是受过严格训练，平时不让他靠近床的家犬，睡觉时也仍然想尽可能地挨近自己的"群体"。如果一只狗每天夜里都被赶出主人的房间，

它就会觉得自己遭到了"狗群"的驱逐。它会觉得难以理解，为什么一到睡觉的时间它就得回避，就得跟自己的"伙伴"分开。折中的解决办法是，狗虽然不能睡在床上，但让它睡在尽可能靠近卧室的地方，或者是床的边上。这样，狗或许能免于每天夜里蒙受过多的"精神创伤"。

6 别样的营养补充剂

小朋友们，你们是否听过这样一句俗语，"狗改不了吃屎"？粪便那么脏，狗为什么爱吃呢？这并不是因为它有特殊的癖好，实际上，原因是多方面的。首先要知道，狗采食粪便属于正常的生理行为。例如狗妈妈会在自己的孩子排泄完

后为它们舔舐肛门，并将粪便吃掉，以免其他动物循气味

捕猎尚未断奶的小狗，成年的狗如果感觉到威胁，也可能

吃掉粪便以清除自己的痕迹；有些主人在狗随地大便后对狗

责备或体罚，因此狗就将自己的粪便吃掉以免被主人发现；此

外，人们看见狗吃粪便时，往往会发出惊呼并叫其他人看，

这让狗有一种备受瞩目的感觉，因此当它想引起主人注意

时，就可能会选择这种方式；有些狗已经习惯了一天吃两

顿或三顿，突然因为更换饲料等原因改成一天一顿，那么

狗就会为了缓解饥饿感而进食粪便。

同时，粪便中未消化吸收完全的营养成分，对狗也是莫大的诱惑。比如草食动物的粪便中往往含有一些狗缺乏的维生素和微量元素，狗会通过吞食粪便来为自己补充营养。虽然随着狗粮的营养配比日渐均衡合理，吃粪便已经不再是生存的必需，但许多宠物狗还是把祖先的勤俭习惯保留了下来。此外，一些疾病也会加剧狗嗜食粪便情况的发生，如胰腺炎、胃肠道内有寄生虫、肠道菌群失衡、糖尿病等，某些药物，如巴比妥盐类、黄体素、类固醇的应用也会造成这样的结果。但从国内外宠物论坛的讨论来看，缺乏营养素和幼年时期因为便溺问题遭受过责罚，应该是家养狗吃粪便最主要的原因。

7 吃盐巴的小狗

有人认为，狗狗不能吃盐，否则会影响它的嗅觉系统，还会有很重的体臭。但是小朋友们请注意啦，狗狗如果一点儿盐都不吃，就会无法生存。狗如果缺盐，会容易疲劳且引起皮肤干燥、皮毛脱落，甚至不长个子的情况。有人说，狗吃盐会掉毛，但实际恰恰相反，如果摄入的盐不够，才会掉毛。看到这里你是否会有这样的担忧，如果狗吃了过多的盐怎么办。其实不用过于担心，狗的肾脏功能非

cháng qiáng dà   zhǐ yào bié bǎ yān zhì shí pǐn ràng gǒu tōu chī le   jiù méi yǒu wèn tí   rú
常 强大，只要别把腌制食品让狗偷吃了，就没有问题。如

guǒ fā xiàn gǒu dà liàng tōu chī le   là ròu zhī lèi   jiù yào gěi gǒu tí gōng dà liàng de qīng shuǐ
果发现狗大量偷吃了腊肉之类，就要给狗提供大量的清水，

tóng shí kòng zhì yí cì bié hē tài duō   zhè yàng cái bú huì fā shēng wèn tí
同时控制一次别喝太多，这样才不会发生问题。

hěn duō rén rèn wéi gǒu xū yào de yán bǐ rén shǎo   zhè ge guān diǎn yǒu xiē piàn miàn   xiǎo
很多人认为狗需要的盐比人少。这个观点有些片面。小

朋友们你们知道吗，给狗用的生理盐水和给人用的生理盐水，其浓度是一样的，不但如此，所有哺乳动物用的生理盐水其浓度都是 0.9%。所以可以这么说，所有哺乳动物对盐的需求量都是相同的。当然，这是指每千克重需要的盐相同。但为什么很多人感觉狗需要的盐没人多呢，这是因为，绝大部分狗的重量比人轻，更重要的是，狗流汗比人少得多，而流汗可以排走很多盐。所以，不是人需要的盐比狗多，而是人排出的盐比狗多，所以需要补充的也就多了。这样你是不是就明白了呢？

延伸：狗狗也吃素

狗的肠胃结构与人的不同，是狗吃草的重要原因。狗的胃很大，约占腹腔的2/3，而肠子却很短，约占腹腔的1/3，所以狗基本上是用胃来消化食物和吸收营养，它们容易消化肉类食物，不容易消化像树叶、草等有"筋"

de dōng xi　gǒu yǒu shí chī cǎo　dàn chī de hěn shǎo　ǒu ěr yě tù diào
的东西。狗有时吃草，但吃得很少，偶尔也吐掉，

gǒu chī cǎo bú xiàng niú hé mǎ nà yàng shì wèi le chōng jī　ér shì wèi le
狗吃草不像牛和马那样是为了充饥，而是为了

qīng wèi　lìng wài　jiān jué bù kě gěi gǒu chī yǒu yáng cōng hé jiǔ cài de shí
清胃。另外，坚决不可给狗吃有洋葱和韭菜的食

wù
物。

8 会读心术的毛孩子

我们常说，狗是人类最好的朋友。因为，狗狗总是能够读懂我们的情绪，给与我们最温暖的陪伴。其实，狗对人的情绪反应非常敏感，就好像会读心术一样。人每当有高兴、哀伤、生气、害怕等情绪的激烈变化时，血液中的肾上腺素激增，身体的味道也会因此产生变化，狗狗们对这种感情的味道最敏感。狗的情绪会因为主人而受到影响，

尤其是那些较为敏感的狗。如果主人的情绪是烦躁不安，也会使狗产生焦虑等情绪。因为狗总是不断地观察主人，并了解主人的情绪、态度，然后根据它获得的信息做出不同的反应。也因为这样，狗在主人眼中是很懂事的。当自己高兴时，狗可以陪自己玩儿；当自己不开心时，狗也会给主人安慰。无论你对它说多少话，它也不会明白你到底是为什么不高兴，也不知道你为什么又高兴，它们只是对你的情绪做出判断。

有很多主人经常和狗说话，并且认为它是能够听懂我

们的语言的，但实际上狗是不会理解人类语言的。有人认为，自己和狗说一些难过悲伤的事时，它就会像能够听得懂一样，总是安静地陪着我们一起难过。但实际上，狗之所以难过并不是因为它听懂了主人说的话，而是因为主人的情绪、说话的语气、动作等多方面的因素感染了它。所以它也变得很哀愁忧伤，而它这样会使得主人更加疼爱它。

狗虽然不能够明白我们的语言，但它能够理解单词，大多数的狗能够记住超过300个单词。比如说它们都会很快地知道自己叫什么名字。当一只小狗来到一个新家庭后，主人会不断地和它沟通并呼唤它，而狗通常情况下对自己的名字有反应，只需几天的时间。相同的道理，训练狗时，狗会对主人发出的口令做出相应的反应。实际上这些反射性的动作，是狗对于单词的反应，比如说，带狗出门散步时，你跟狗说"今天的天气很好"，它不会做出什么反应。但如果是经过了训练，你只需对狗说："天气！"它便会抬起头看天，所以说狗只能理解单词而不会理解我们的语言。

延伸：狗狗的生物钟

狗通过经验能知道时间。狗的身体里，可以说存有一个生物时钟，只要固定时间喂它吃饭，带它散步，等它习惯之后，时间一到，它便会自动来催促你。如果改变带它出去的时间，不久之后，它就会自动调整配合新的时间。所有动物都有生物钟，但狗看似对何时起床、何时散步、何时喂食、何时主人离家和归家等养成了一种离奇感觉。科学证明这种知觉会精确到每24小时只有30秒的误差，这也是引起狗分离性焦虑的原因。